中国少儿百科

震动的地球

尹传红　主编　苟利军　罗晓波　副主编

核心素养提升丛书

四川科学技术出版社

一　地震是怎么发生的？

地震是一种自然现象，大家对它并不陌生。相信许多小朋友已经通过电视、网络等媒体对地震有了一定的认识。

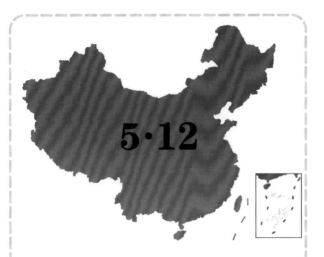

2008年5月12日，四川省发生了一场强烈的大地震。因为震中在四川省汶川县境内，因此，这场大地震被称为"5·12汶川特大地震"。

汶川特大地震的烈度达到了11度，遭受严重破坏的区域超过10万平方千米。这场可怕的大地震造成近7万人死亡，数十万人受伤。当时，无数爱心人士纷纷加入抗震救灾的行列中。

2010 年 4 月 14 日，青海省玉树市发生了 7.1 级地震，给当地造成了严重的破坏。

除了中国，世界上的很多国家也发生过地震。这种给人们带来重大灾难的自然现象，到底是怎么造成的呢？

原来，地震和地壳的运动有很大关系。

我们居住的地球，是一个实心的巨大球体。地球最外层是地壳，地壳下面是地幔，而地幔下面的部分就是地球的中心——地核。

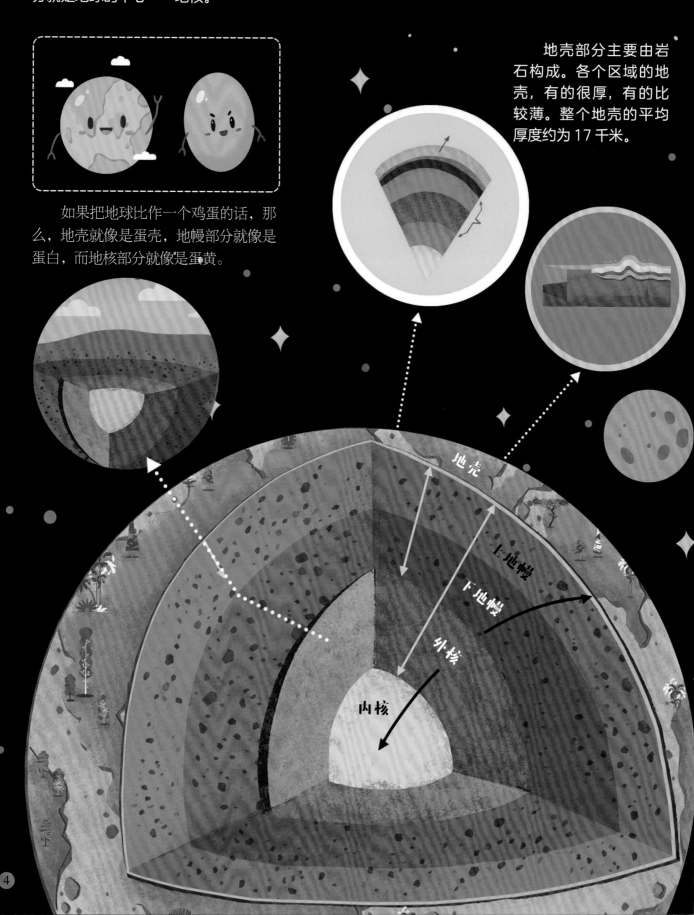

地壳部分主要由岩石构成。各个区域的地壳，有的很厚，有的比较薄。整个地壳的平均厚度约为 17 千米。

如果把地球比作一个鸡蛋的话，那么，地壳就像是蛋壳，地幔部分就像是蛋白，而地核部分就像是蛋黄。

地壳

上地幔

下地幔

外核

内核

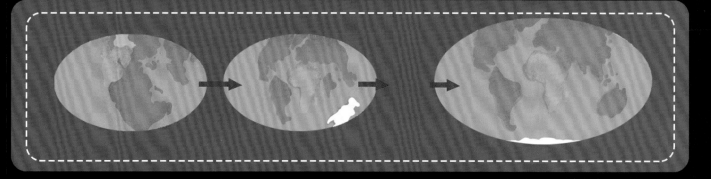

地壳并不是一个整体，而是分裂成几个大板块。

目前，地壳板块主要有六个，分别是：欧亚板块、美洲板块、非洲板块、太平洋板块、印度洋板块和南极洲板块。

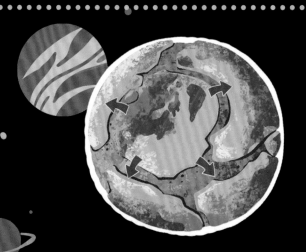

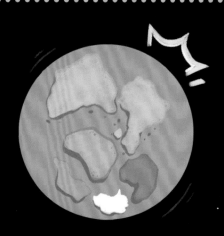

地壳板块并不是永远静止不动的，它们在不停地运动、分裂，还会互相撞击。当地壳板块发生断裂，或者它们之间相互挤压、碰撞时，就会释放出巨大的能量，于是，地震就发生了。

火山喷发也是一种自然现象。除了地壳运动，火山喷发也有可能引发地震。

另外，人为操作引起的工业爆破、地下核爆炸等，也会释放出非常大的能量。有时候，它们也会引发地震。

自然原因引起的地震是"天然地震"，而人为原因导致的地震是"人工地震"。

全世界所有的地震现象中，90%以上都属于天然地震。

二 可怕的震灾

世界上有三个经常发生地震的带状区域，被称为"世界三大地震带"，它们分别是环太平洋地震带、欧亚地震带和大洋中脊地震带。

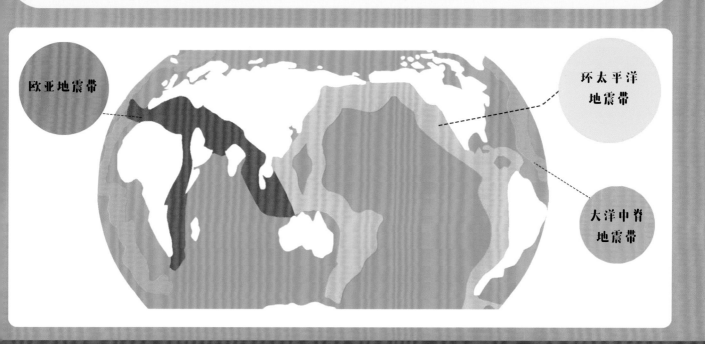

欧亚地震带

环太平洋地震带

大洋中脊地震带

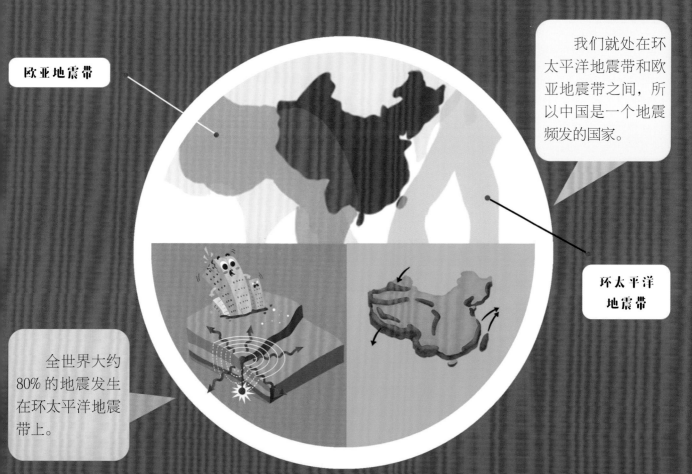

欧亚地震带

我们就处在环太平洋地震带和欧亚地震带之间，所以中国是一个地震频发的国家。

环太平洋地震带

全世界大约80%的地震发生在环太平洋地震带上。

在地震学中，地下地震的发源处，也就是引起震动的地方，称为"震源"；地上垂直于震源的那一点，称为"震中"；震源到震中的垂直距离，就称为"震源深度"；从地面上的任何一点到震中的直线距离，称为"震中距"。

其中，震源深度是决定地震破坏力大小的重要因素之一。同级地震，震源越浅，破坏力就越大。

震源深度 0~70 千米的地震，称为"浅源地震"；震源深度 70~300 千米的地震，称为"中源地震"；而震源深度 300 千米以上的地震，称为"深源地震"。汶川特大地震的震源深度只有 14 千米。

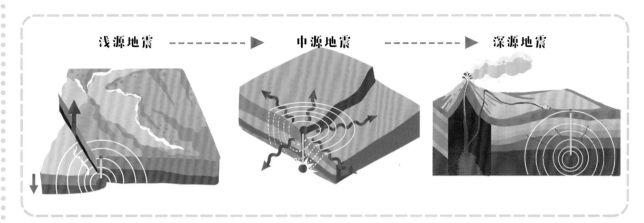

浅源地震 ----------▶ 中源地震 ----------▶ 深源地震

地震强度的大小，是用震级表示的。地震释放的能量越多，震级就越大。地震对地表和地表上的物体造成影响的强弱程度，则用烈度表示。

很多地震，由于震级、烈度很小，我们很难察觉到。

震级、烈度高的地震，危害性非常大。汶川特大地震的震级是 8 级，烈度是 11 度，它震毁了无数建筑物，使通信、供电中断，还造成了大量人员伤亡。

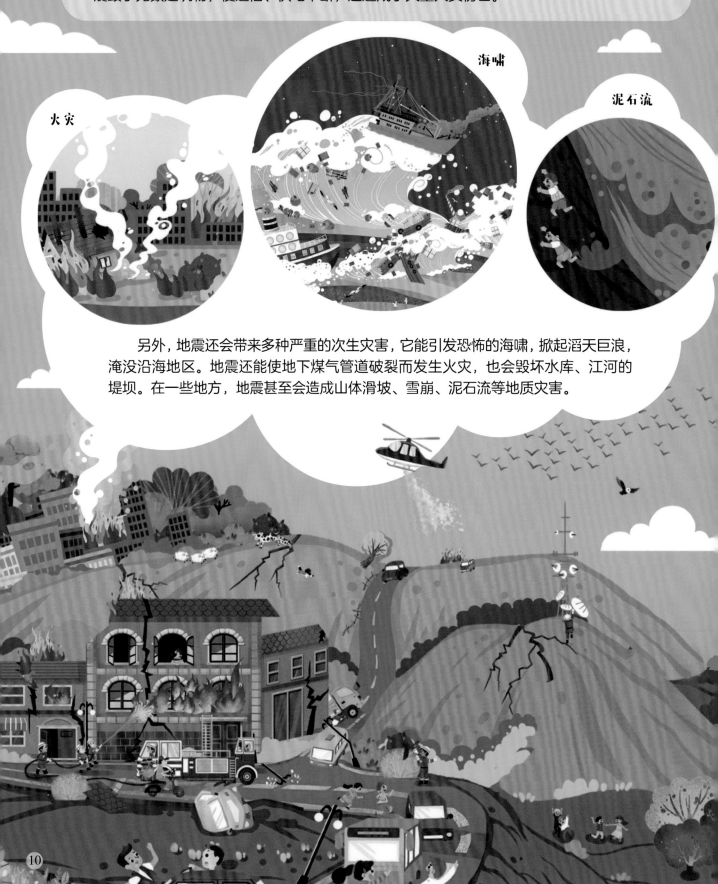

火灾

海啸

泥石流

另外，地震还会带来多种严重的次生灾害，它能引发恐怖的海啸，掀起滔天巨浪，淹没沿海地区。地震还能使地下煤气管道破裂而发生火灾，也会毁坏水库、江河的堤坝。在一些地方，地震甚至会造成山体滑坡、雪崩、泥石流等地质灾害。

1970 年，南美洲国家秘鲁发生的一场 7.6 级地震，引起了雪崩，大量冰雪以 400 千米／时的速度从山顶倾泻而下，惊心动魄。

地震也会导致工厂毒气泄漏，致人中毒死亡；还会污染环境，导致病毒大肆繁殖，最终引发瘟疫，威胁人们的健康。

一些地震次生灾害，比地震本身更令人恐惧。

从古到今地壳都在运动着，因此，古代也会发生地震。

山西蒲州

在遥远的公元前 23 世纪，一个叫蒲州（在今天的山西省）的地方就发生过一场地震。中国古代有文字记载的地震中，蒲州地震是最早的一例。

1556 年，陕西华县发生了一场 8 级特大地震，死亡人数超过了 80 万。直到现在，它仍旧是全世界死亡人数最多的一场地震。

甘肃海原

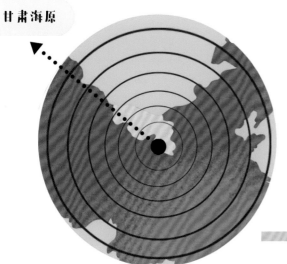

海原地震在中国历史上影响范围非常广，被称为"环球大震"，它促使中国在 1930 年建立了国内第一个地震台，中国的地震观测工作由此开始。

1920 年，甘肃海原发生了一场震级 8.5 级、烈度 12 度的浅源地震，导致 78 个县受灾，死亡 28 万多人，仅次于明代的华县地震。在海原地震中受伤的人数，达到了 30 万左右。

1906 年 4 月 18 日清晨，美国西部旧金山市的一场特大地震，引起了严重火灾，熊熊烈火燃烧了三天三夜，旧金山市约 80% 的地区成为废墟。这场地震使几千人不幸丧生，几十万人失去了住所。

1989 年 10 月 17 日，旧金山又一次发生地震，瞬间夺走了 270 人的生命，并使供电中断，交通受阻，机场、公路、铁路、桥梁等不得不关闭，严重地影响了当地人的工作和生活。

今 日 新 闻

和汶川特大地震一样，唐山大地震也是中国人民心中难以抹去的创伤。

唐山大地震发生在 1976 年 7 月 28 日，震级为 7.8 级，烈度为 11 度，20 多万人在这场灾难中不幸去世，重伤者达到 16 万多人。

日本是全世界地震最频繁的国家。1995 年 1 月 17 日，发生在日本神户的一场地震，震塌了近 20 万幢房屋，引发 500 多处火灾，导致 5 400 多人死亡，34 000 多人受伤。

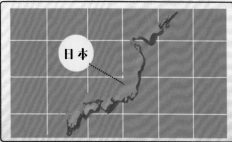

日本

地震发生之前，会不会有一些预兆呢？答案是有的。

地震即将来袭时，人们可能会听到地底下传来一些奇怪的声音——"地声"，类似雷声、炮声、狂风大作的声音等，也可能会看到颜色各异、形状多样的奇异"地光"。

地震快要来临时，一些动物也会有异常的反应，比如信鸽迷路，成群的老鼠在大白天四处乱窜，地面上出现密密麻麻的蚂蚁群，令人惊惶不安。

有人认为地震云是地震发生的前兆，其实它只是一个伪科学概念。

在地震前，还会出现电磁异常的现象，使收音机、电视机等无法正常收到信号。

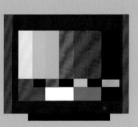

即将发生地震的时候，原本清澈的井水、溪水等可能会变得浑浊，温度升高，甚至"咕嘟咕嘟"地冒出气泡，有的甚至还会变色、变味等。

地震产生的波动叫"地震波"，具有巨大的破坏力，它主要以横波和纵波的方式传播。在浅源地震中，还会有在地表上传播的面波。

我们折断一根木棒时，两只手会感到振动。这根木棒的断裂处，就如同地震的震源，我们手上感到的振动，就类似地震波。

在地震波还没有传到某个地方前，利用电波向其发出警报，就是"地震预警"。

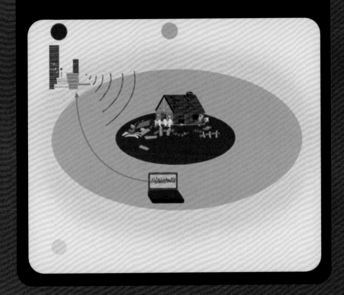

地震预警的概念，是美国一位叫库珀的地震学家在1868年第一次提出的。

地震预警

现代的地震预警系统，由地震监测台网、警报信息快速发布系统等组成。

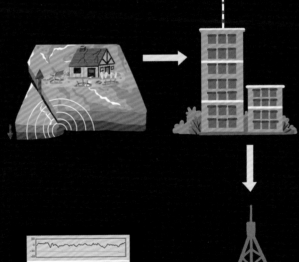

地震发生后，附近的监测台会收到地震信号，并抢在地震波之前，向尚未被地震波及的地区发出警报。向某地发出警报的时间，往往只比地震波传到该地的时间早几秒到十几秒。

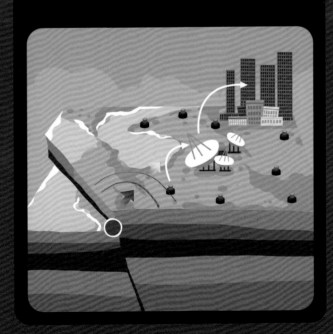

不过，地震预警系统也不是完美无缺的。

距离震中比较远的地方，地震波到达比较迟，地震预警系统就可以抢先向这些地方发出警报。这些地方，就是"预警有效区"。

但是，有些地方离震中太近了，地震预警系统无法赶在地震波之前向该地发出地震警报。这样的地方，就是"预警盲区"。

预警盲区是圆形的区域，而圆心就是震中。

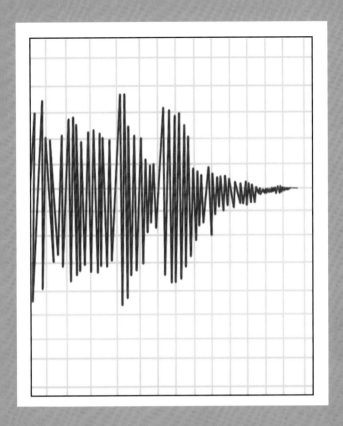

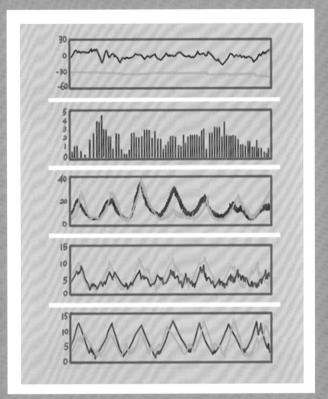

日本的地震预警系统非常发达，建有几千个地震监测站，遍布全国。

地震一发生，预警系统就会在极短时间内利用和光速差不多快的电磁波发出预警信息。

日本还专门为新干线列车研发了地震避警系统。一旦发生地震，该系统就立刻通知附近行驶的列车刹车，使其不会因地震而脱轨。

墨西哥

地震预警系统最先进的国家，除了日本，还有墨西哥。

地震预报比天气预报更加重要。地震预报主要包括长期预报、中期预报、短期预报和临震预报。

对未来十年里可能发生的地震进行预报，是长期预报；对未来一至两年里可能发生的地震进行预报，是中期预报；对未来三个月里可能发生的地震进行预报，是短期预报；而对十天内将发生的地震的预报，就是临震预报。

可是，全世界的地震预报技术并不完善。

长期预报

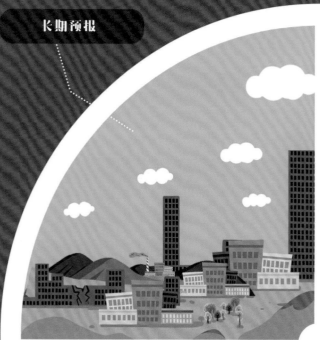

中期预报

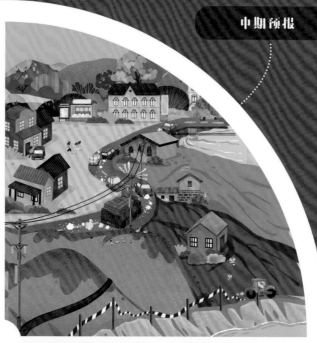

短期预报

临震预报

在中国古代，人们对于地震预警的研究已经获得了丰硕的成果。

如果某个地方发生地震，和这个地方方向一致的那条龙口中的小铜珠，就会掉到下面的铜蛤蟆的嘴里。

公元 132 年，东汉天文学家张衡发明了一台地动仪——这是全世界最早的地震仪。

这台铜质地动仪上共有八个方位，每个方位都铸着一条龙，每条龙口中都含着一颗小铜珠。每个龙头都朝向下面的铜蛤蟆。

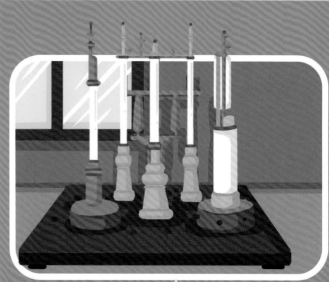

意大利人费洛·马里诺是一名物理学家，1795年，他发明了一种验震器，但结构比较简单。

大半个世纪后，意大利人帕尔·米耶里又研制出了一种新型验震器，能记录地震的强度和地震的持续时长。更奇妙的是，它还能输出纸带，而纸带上就是表示地震数据的标记。

第一台精确的地震仪——水平摆地震波检测仪是在1880年诞生的。它的发明者，是享有"现代地震学之父"美称的英国地质学家约翰·米尔恩。

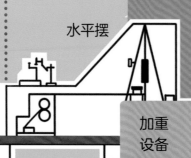

水平摆

加重
设备

约翰·米尔恩

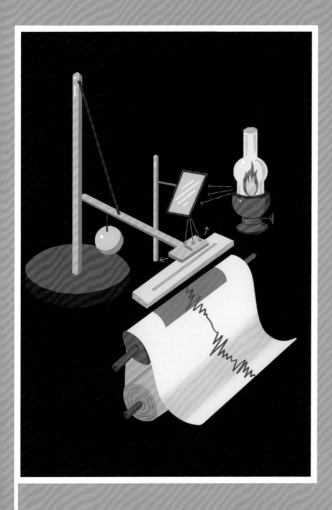

直到现在，很多地震仪都是在水平摆地震波检测仪的基础上研发出来的。

水平摆地震波检测仪不仅能观测地震，还能探测地球内部的构造。

据说，在米尔恩到达日本东京的第一天晚上，这个城市就发生了地震，令米尔恩终生难忘。

后来，在日本高校担任教授的米尔恩成功地发明了水平摆地震波检测仪。

地震频发的地区，对地震防御工作都是高度重视的。这些地区除了设置预警系统以外，还会设立一种用来检测地震的高塔。地震发生时，塔上的三角形装置会剧烈晃动，但不会倒塌。

这些地区的建筑物，一般建得非常牢固。不过，日本的很多房屋都用木材建造，在地震中，这样的房子晃动幅度不会太大，不容易垮塌。

在地震高发地区，人们往往会在家里备好应急包，并放在醒目的位置。包里装有药品、绷带、食品、手电筒等应急物资。一旦发生地震，这些东西就能帮助他们避险。

平时，他们还会经常检查家具是不是稳固。因为不稳固的家具会在地震中倒下，把人砸伤。

地震频发地区，许多家庭和单位还会配备一种激光位移监测仪，用来监测墙体和地板等因受地震波影响产生的轻微移动。

如果我们遇到了地震，该怎么办呢？
一定要牢牢记住，地震避险的两个基本准则是：震时就地避险，震后迅速撤离。

还有，我们一定要远离已经受到破坏的建筑物和已经断开的电线、电缆等物体，以及悬挂在高处的东西。

面对地震，正确的自救姿势是用双手把头抱住，蹲下或者趴下，并把整个身体蜷缩起来。

地震发生时，如果恰好在屋里，要迅速躲到坚固的桌子、床下面。

如果我们在平房里或者楼房的第1、2层，那么地震结束后，要尽快逃到户外，并跑到远离建筑物的地方。

如果房屋受损使我们被困在里面，在保证安全的前提下，可以移开身边的杂物，并用坚硬的东西撑住墙壁。

这时要注意保存体力，不要大喊大叫，可以敲击管道、打开手电筒向外发出求救信号。

遭遇地震时，千万不要乘坐电梯逃离。如果被困在电梯里，会更加危险。

地震发生后，如果我们恰好在电梯里，要把电梯操作键盘上的按钮全部按一遍，当电梯停稳，电梯门打开后，必须马上离开。

地震发生时，如果我们在公交车上，就紧紧地抓住扶手，同时还要保护自己的头部。等车辆不再晃动后，再迅速下车。

遭遇地震时，如果我们在汽车旁边，要立刻蹲下来，用双手抱住头部。还要防备高处的物体掉下来砸到我们。一定要记住，在这种危急的情况下，千万不能躲进汽车里面。

遭遇地震时，如果我们在运动场、电影院等公共场所，就立刻在座椅旁边趴下，或者蹲下来，等地面停止晃动后再迅速撤离。

在野外时，如果遇到突发地震，要尽快撤到开阔的地方，蹲下或趴下，防止摔倒受伤。

地震可能会引发山体滑坡、石头滚落、树木倒塌等灾害，我们一定要远离这些危险；也不要靠近河流、水坝。地震发生时，河堤、水坝也极有可能垮塌。

如果我们发现足够结实的障碍物，也可以躲到下面避难。

五 愤怒的海魔——海啸

海啸是海洋里的一种自然现象，主要由海底的强地震、火山爆发等引起。

海啸不仅传播速度快、传播距离远，破坏力也极其强大。如果海啸袭击海岸，将会带来毁灭性的灾难。

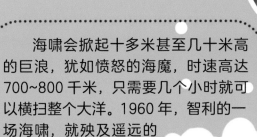

海啸会掀起十多米甚至几十米高的巨浪，犹如愤怒的海魔，时速高达700~800千米，只需要几个小时就可以横扫整个大洋。1960年，智利的一场海啸，就殃及遥远的日本。

震惊全球的印度洋海啸，又称"南亚海啸"，发生在2004年12月26日，是一场9.3级的特大海底地震引发的。

在这场特大海啸中受灾的国家，有亚洲的印度尼西亚、斯里兰卡、印度、孟加拉国、马来西亚等，还有非洲的索马里、毛里求斯等，死亡、失踪人数共20多万，财产损失不计其数。

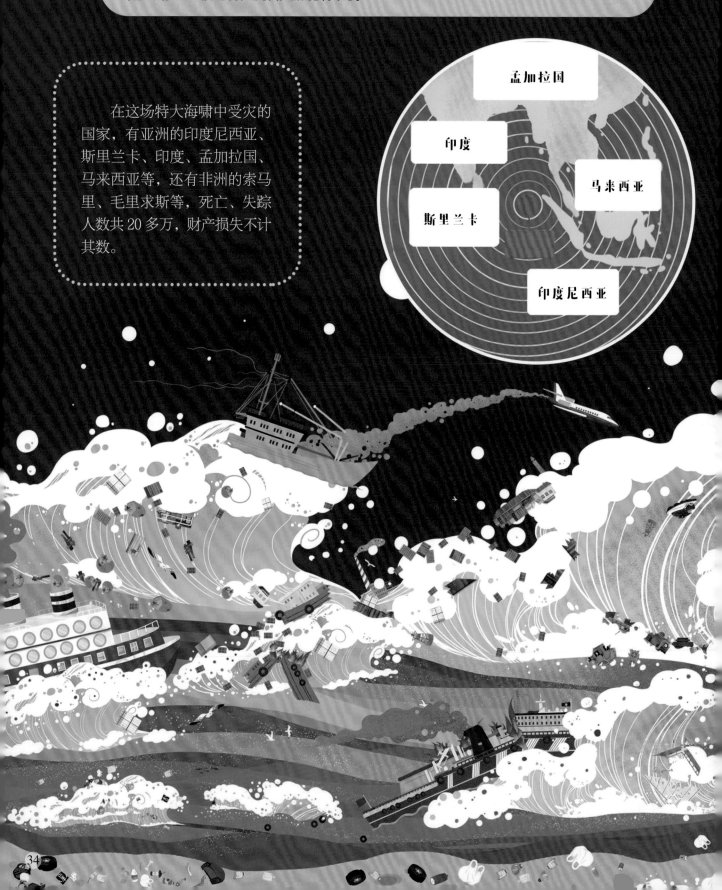

孟加拉国

印度

马来西亚

斯里兰卡

印度尼西亚

2006 年 7 月，一场海啸猛烈袭击了印度尼西亚，造成 2 000 多人伤亡，使 74 000 多人痛失家园。

遇到海啸时，海中的船只必须驶向深海，不能返回港口和靠近海岸，因为相对来说，深海会更加安全。

在海边如果感到强烈的震动，看见海水突然下沉，或者听到海啸警报声，必须尽快远离海滩，撤往高处。

图书在版编目 (CIP) 数据

震动的地球 / 尹传红主编 ; 苟利军 , 罗晓波副主编 .

成都 : 四川科学技术出版社 , 2024.8. —— (中国少儿百

科核心素养提升丛书). —— ISBN 978-7-5727-1484-9

Ⅰ . P183-49

中国国家版本馆 CIP 数据核字第 2024GF5459 号

中国少儿百科　核心素养提升丛书

ZHONGGUO SHAO'ER BAIKE HEXIN SUYANG TISHENG CONGSHU

震动的地球
ZHENDONG DE DIQIU

主　　编　尹传红

副 主 编　苟利军　罗晓波

出 品 人　程佳月

责任编辑　周美池

选题策划　鄢孟君

封面设计　韩少洁

责任出版　欧晓春

出版发行　四川科学技术出版社

　　　　　成都市锦江区三色路 238 号　邮政编码 610023

　　　　　官方微博 http://weibo.com/sckjcbs

　　　　　官方微信公众号　sckjcbs

　　　　　传真 028-86361756

成品尺寸　205mm × 265mm

印　　张　2.25

字　　数　45 千

印　　刷　成业恒信印刷河北有限公司

版　　次　2024 年 8 月第 1 版

印　　次　2024 年 9 月第 1 次印刷

定　　价　39.80 元

ISBN　978-7-5727-1484-9

邮　　购：成都市锦江区三色路 238 号新华之星 A 座 25 层　邮政编码：610023

电　　话：028-86361770